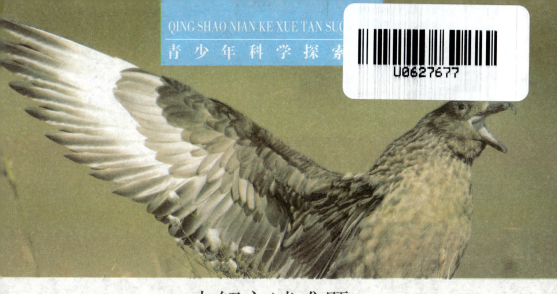

青少年科学探索

U0627677

未解之谜难题

张德荣 编著　丛书主编 郭艳红

怪物：怪物的最大秘密

汕头大学出版社

图书在版编目（CIP）数据

怪物：怪物的最大秘密 / 张德荣编著. -- 汕头：
汕头大学出版社，2015.3（2020.1重印）
（青少年科学探索营 / 郭艳红主编）
ISBN 978-7-5658-1657-4

Ⅰ．①怪… Ⅱ．①张… Ⅲ．①生物－青少年读物
Ⅳ．①Q-49

中国版本图书馆CIP数据核字(2015)第026323号

怪物：怪物的最大秘密　　　　　　　　GUAIWU：GUAIWU DE ZUIDA MIMI

编　　著：张德荣
丛书主编：郭艳红
责任编辑：胡开祥
封面设计：大华文苑
责任技编：黄东生
出版发行：汕头大学出版社
　　　　　广东省汕头市大学路243号汕头大学校园内　邮政编码：515063
电　　话：0754-82904613
印　　刷：三河市燕春印务有限公司
开　　本：700mm×1000mm　1/16
印　　张：7
字　　数：50千字
版　　次：2015年3月第1版
印　　次：2020年1月第2次印刷
定　　价：29.80元
ISBN 978-7-5658-1657-4

前　言

　　科学探索是认识世界的天梯，具有巨大的前进力量。随着科学的萌芽，迎来了人类文明的曙光。随着科学技术的发展，推动了人类社会的进步。随着知识的积累，人类利用自然、改造自然的的能力越来越强，科学越来越广泛而深入地渗透到人们的工作、生产、生活和思维等方面，科学技术成为人类文明程度的主要标志，科学的光芒照耀着我们前进的方向。

　　因此，我们只有通过科学探索，在未知的及已知的领域重新发现，才能创造崭新的天地，才能不断推进人类文明向前发展，才能从必然王国走向自由王国。

　　但是，我们生存世界的奥秘，几乎是无穷无尽，从太空到地球，从宇宙到海洋，真是无奇不有，怪事迭起，奥妙无穷，神秘莫测，许许多多的难解之谜简直不可思议，使我们对自己的生命现象和生存环境捉摸不透。破解这些谜团，有助于我们人类社会向更高层次不断迈进。

　　其实，宇宙世界的丰富多彩与无限魅力就在于那许许多多的难解之谜，使我们不得不密切关注和发出疑问。我们总是不断地去认识它、探索它。虽然今天科学技术的发展日新月异，达到了很高程度，但对于那些奥秘还是难以圆满解答。尽管经过古今中外许许多多科学先驱不断奋斗，一个个奥秘被不断解开，推进了科学技术大发展，但随之又发现了许多新的奥秘，又不得不向新问题发起挑战。

宇宙世界是无限的，科学探索也是无限的，我们只有不断拓展更加广阔的生存空间，破解更多的奥秘现象，才能使之造福于我们人类，我们人类社会才能不断获得发展。

为了普及科学知识，激励广大青少年认识和探索宇宙世界的无穷奥妙，根据中外最新研究成果，编辑了这套《青少年科学探索营》，主要包括基础科学、奥秘世界、未解之谜、神奇探索、科学发现等内容，具有很强系统性、科学性、可读性和新奇性。

本套作品知识全面、内容精炼、图文并茂，形象生动，能够培养我们的科学兴趣和爱好，达到普及科学知识的目的，具有很强的可读性、启发性和知识性，是我们广大青少年读者了解科技、增长知识、开阔视野、提高素质、激发探索和启迪智慧的良好科普读物。

目 录

好吃懒做的海上盗贼

好吃懒做的贼鸥

在南极海鸥中有一种褐色海鸥叫贼鸥，尽管它的长相并不十分难看，褐色洁净的羽毛，黑得发亮的粗嘴喙，目光炯炯有神的圆眼睛，但由于其懒惰、惯于偷盗的本质，总让人有一种讨厌之感。

贼鸥是企鹅的大敌。在企鹅的繁殖季节，贼鸥经常出其不意

地袭击企鹅的栖息地，叼食企鹅的蛋和雏企鹅，闹得鸟飞蛋打，四邻不安。

贼鸥好吃懒做，不劳而获，它们从来不自己垒窝筑巢，而是采取霸道的手段，抢占其他鸟类的巢穴，驱散它们的家庭，有时甚至穷凶极恶地从其他鸟、兽的口中抢夺食物。一旦填饱肚皮，就蹲伏不动，消磨时光。

懒惰成性的贼鸥，对食物的选择并不十分严格，不管好坏，只要能填饱肚子就可以了。

除鱼、虾等海洋生物外，鸟蛋、幼鸟、海豹的尸体和鸟兽的粪便等都是它的美餐。

考察队员丢弃的剩余饭菜和垃圾也可以成为它们的美味佳肴。在饥饿之时，它们甚至钻进考察站的食品库，像老鼠一样，吃饱喝足，临走时再捞上一把。

更可恶的是，贼鸥还给科学考察者带来很大的麻烦。在野外考察时，如果不加提防，随身所带的野餐食品，会被贼鸥叼走，碰到这种情况，考察者也只能望空而叹。

当考察者走近它们的巢地时，它们便不顾一切地袭来，"唧唧喳喳"地在头顶上乱飞，甚至向人俯冲，又是抓，又是叼，有时还向人头上拉屎，大有赶走考察队员，摧毁科学考察站之势。

贼鸥的飞行能力较强。或许是由于长期行盗锻炼出来的吧，据说，南极的贼鸥也能飞到北极，并在那里生活。

在南极的冬季，有少数贼鸥在亚南极南部的岛屿上越冬。中国南极长城站周围就是它的越冬地之一，那里到处是冰雪，不仅在夏季几个月里裸露的那些小片土地被雪覆盖，而且大片的海洋也被冻结。这时，贼鸥的生活更加困难，没有巢居住，没有食物吃，也不远飞，就懒洋洋地待在考察站附近，靠吃站上的垃圾过活，人们称之为"义务清洁工"。

最南纬度的空中强盗

南极贼鸥是只有在地球上最南纬度才能发现的鸟类，在南极点上也曾有其出现的纪录。它们惯于偷盗、抢劫，被人们称为"空中强盗"。

在南半球有南极及亚南极两种贼鸥，前者的体型略小且有较浅白色的羽毛，不同亚南极种之贼鸥经常成对活动，南极种贼鸥常单独活动，它们在夏日繁殖，每次会产两个蛋，孵化期约为27天，经常只有一只幼鸟能存活。

冬季时，它们活跃于海上，甚至可能到北太平洋的阿留申群岛。贼鸥以企鹅蛋或如海鸥等其他海鸟及磷虾类为食，它们也会两只共同合作捕食，即一只在前头引开欲攻击之企鹅，另一只在后头取其蛋。贼鸥身上有两件"武器"，一件是它尖利带钩的嘴；另一件是它强壮而有力的翅膀。贼鸥行凶作恶时，全靠这两件"武器"。

贼鸥飞得很高，它高悬在天空，用两只贼眼搜索海面，一旦发现小海豹单独活动，没有大海豹在身旁保护时，就一头猛扑下来，用嘴啄咬，用翅膀拍打。顷刻之间，小海豹便被弄得血肉模糊，毫无反抗能力，于是便成了贼鸥的一顿美餐。

贼鸥喜欢吃鱼，却不肯花力气去捕捉，而是专门拦路打劫。贼鸥打劫时"六亲不认"，不管是不是与它同类的鸟，只要有机会下手，决不放过。

当一个小海鸥得到鱼儿的时候，如果被贼鸥看到了，贼鸥就从空中直扑下来。小海鸥发现贼鸥扑来，自知抵不过贼鸥，只好弃鱼而逃。

当从小海鸥嘴里掉下来的鱼还没有落到海面时，贼鸥便从半空中把掉下来的鱼劫去了。所以小海鸥在海上捕鱼时，常有一群贼鸥在后面尾随。

延 伸 阅 读

鲣鸟是捕鱼的行家，在繁殖季节里喂养雏鸟的时候，它要天天下海捕鱼。这时，贼鸥往往埋伏在半路上，趁鲣鸟捕鱼归来用翅膀猛拍鲣鸟。鲣鸟被打得晕头转向，只好不情愿地吐出藏在嗉囊里的食物，然后仓皇逃走。

美丽的海洋之花

海洋之花——海百合

有一种生活在幽深海底的，形态如同百合花一样美丽的动物，人们叫它"海百合"。

海百合柔软的肉体，由无数细小的骨板连接包裹起来，既灵活自如，又能保持它亭亭玉立的姿态。它们的"茎"，长约0.5米，五棱形状，分许多个节，节上长出卷枝。它的头顶上有朵淡红色的"花"——那根本不是花，是只捕虫的网子。

　　海百合的嘴，长在整朵"花"底部中间位置。嘴巴周围有条"腕"，每条从基部分成两大枝，每枝再分出两枝。这样一来，它便像长了20只手似的。每条腕枝上，还分生出羽毛般的细枝来，那如同网子的横线，可用来挡住入网的虫子，不让它们漏网逃走。

　　海百合大小腕枝内侧，有一条深沟，名叫"步带沟"。沟内长着两列柔软灵活、指头一样的小东西，那叫"触指"。它迎着海水流动的方向散开，如同一朵盛开的鲜花。一批随水闯入的小鱼虾，懵懵懂懂，被它步带沟里的触指抓住、弄死，然后像扔上传送带的肉，由小沟送进大沟，再由大沟送入嘴里。当它吃饱喝足时，腕枝轻轻收拢下垂，宛如一朵行将凋谢的花——那是它正睡觉哩！

海中仙女

海百合一辈子扎根海底，不能行走。它们常遭鱼群蹂躏，一些被咬断茎秆，一些被吃掉花儿，落下悲惨的结局。在弱肉强食、竞争险恶的大海中，曾有一批批被咬断茎秆，仅留下花儿的海百合，大难不死存活下来。因为它们终归不是植物，茎秆在它们的生活中，并不是那么生死悠关。

这种没柄的海百合，五彩缤纷，悠悠荡荡，四处漂流，被人们称作"海中仙女"。生物学家给它另起美名——"羽星"。羽星体含毒素，许多鱼儿不敢碰它。可仍有一些不怕毒素的鱼，对它们毫不留情，狠下毒手。

为了生存，它们只好大白天钻进石缝里躲藏起来；入夜才偷偷摸摸成群出洞，翩翩起舞。它们捕食的方法，还是老样子——腕枝迎向水流，平展开来，像一张蜘蛛的捕虫网,守株待兔,专等送

食上门。

由于羽星可自由行动，身体又能随环境改变颜色，它们便成了海百合家族中的旺族，现存480多种。它们喜欢以珊瑚礁为家，因为那儿海水温暖，生物种类繁多，求食也容易。而那种有柄的海百合，适应能力差，不能有效保护自己，数量也就日渐稀少，现存仅70来种。没准几百年之后，它们便会给鱼儿吃得一个不剩，永远从大海里消失了！

海百合的习性

海百合是棘皮动物中最古老的种类，全世界现有620多种海百合。常分为有柄海百合和无柄海百合两大类。

　　有柄海百合以长长的柄固定在深海底，那里没有风浪，不需要坚固的固着物。柄上有一个花托，包含了它所有的内部器官。海百合的口和肛门是朝上开的，这和其他棘皮动物有所不同。它那细细的腕从花托中伸出，腕由枝节构成，且能活动，侧面还有更小的枝节，好像羽毛。腕像风车一样迎着水流，捕捉海水中的小动物为食。

　　无柄海百合没有长长的柄，而是长有几条小根或腕，口和消化管也位于花托状结构的中央，既可以浮动又可以固定在海底。

　　浮动时腕收紧，停下来时就用腕固定在海藻或者海底的礁石上。腕的数量因海百合的种类而不同，最少的只有两条，最多的达到200多条，每条腕两侧都生有小分枝，状如羽毛，且每条腕体都有条步带沟，有分枝通到两侧的小枝上，沟的两侧是触手状管足，并分泌有黏液。

　　海百合是典型的滤食者，捕食时将腕高高举起，浮游生物或其他悬浮有机物质被管足捕捉后送入步带沟，然后被包上黏液送入口。在古代，海百合的种类很多，有5000多种化石种，所以在地质学上有重要意义。有的石灰岩地层全部由海百合化石构成。

延　伸　阅　读

　　海百合生长于4.5亿年前，比恐龙时代还要早两亿年，应该是史上最早的生物。海百合之所以具有较高的科研价值和考古价值，是因为海百合对其生存的环境要求极其苛刻，能成为完整化石存世的极其稀少，非常珍贵。

出没在喀纳斯湖的怪兽

变色湖里的怪兽

在阿尔泰的深山密林之中有一个出名的喀纳斯湖。"喀纳斯"在蒙古语里面是"美丽富饶，神秘莫测"的意思。而喀纳斯湖也确实是一个美丽神秘的"变色湖"。

为什么要把它叫做"变色湖"呢？

因为喀纳斯湖的湖水颜色会因为外界的天气和季节而不断变化。晴天的时候喀纳斯湖的颜色深蓝带点绿色；而在阴雨天的时候就变为灰暗的绿色；在炎热的夏季到来的时候湖水又变成微带蓝绿的乳白色，由此才得名"变色湖"。

　　喀纳斯湖除了变色的湖水外，还有一条长达千米的枯木长堤，雨后奇景"喀纳斯云海佛光"，而最吸引人的还是那个流传了千百年的神秘传说中，喀纳斯湖里的巨型"湖怪"，更给喀纳斯湖蒙上了一层神秘的面纱。

神秘的"湖怪"

　　传说在神秘的喀纳斯湖边，有一个神秘的图瓦人部落居住在那里。他们的祖先告诫过他们说湖中有"湖怪"，所以他们世代居住在此却从未有人敢在湖中捕鱼、划船。难道喀纳斯湖里真的有"湖怪"吗？那么有没有人见到过呢？

　　据当地一个蒙古老人说，他曾见过一条大红鱼吞食了一头在湖边吃草的小牛犊。

　　相传20世纪70年代的初冬，3个牧民赶着马从结冰的喀纳斯湖面上经过，不料冰冻得不够结实，一群马掉进湖中。又过了几天湖水再次结冰，牧民砸开冰捞上来几匹死马，其他的马却怎么也找不到了。等第二年湖水解冻的时候，掉进湖里的马却再也没有出现过。

1980年，曾有考察队对喀纳斯湖进行考察。他们详细了解了"湖怪"的传闻，并沿着湖的浅水地区发现了牛、羊、马等动物的完整骨架。而且经研究也确实不是路上的人兽所为。于是考察队人员撒了600米的大渔网，试图打捞看水怪是否真的存在。

但是第二天不仅没有任何收获，连600米的大网也消失得无影无踪。喀纳斯湖也越发的神秘莫测了。

考察队的发现

1985年，为了成立喀纳斯自然保护区，又对该地区进行一次综合的考察。新疆的一位考察教授在一天清晨发现平静的湖面上突然涌起巨大的浪花，而后逐渐露出一条巨型的红鱼，很快又沉入水中。

考察队员在3天后用一个特大的鱼钩挂上一只大羊腿，用一根

2.8米长的原木做浮漂想去钓鱼。但是只看到有鱼影游过却并没有咬钩。目测鱼的长度大约有9米左右。

通过反复研究，焦点被推向哲罗鲑。哲罗鲑是一种淡水冷水肉食性鱼类，体侧银白，背面棕褐色，因为哲罗鲑在繁殖季节皮肤呈红褐色，又称大红鱼，而且它有满嘴锋利的牙齿，且体形巨大，非常凶猛。

然而珍奇的巨型哲罗鲑已经绝迹，人们并没有见到过巨型的哲罗鲑的照片或者资料。

喀纳斯湖畔失踪的动物也没有证据证明真的是被哲罗鲑吞食的。美丽神秘的喀纳斯湖也依然吸引着更多的人向往着。

延 伸 阅 读

哲罗鲑性情凶猛，体形大，身长在1米以上，曾发现过50千克重的个体，也曾经发现过长达4米，重达90千克的个体。哲罗鲑主要捕食鱼类及依水生活的蛙类、蛇类、鼠类、鸟类等。

相约投海自尽的旅鼠

生活在北欧的旅鼠

旅鼠生活在寒冷的北欧地区，体长大约有15厘米，像只粗短的老鼠。旅鼠全身披着细毛，前肢有强劲的爪子，善于挖掘。生活在不同地区的旅鼠，毛色也是有区别的。

有一种旅鼠的颈上就像镶有一个圆圈，叫做"领圈旅鼠"。每到冬天，它们就会全身变成白色，好在冰雪世界中掩护自己。

到了夏天，它们就在地下挖洞筑巢，以草类为食。旅鼠是昼伏夜出的动物。刚开始的时候，旅鼠在一个地区的数量并不多，但是，这种鼠类的繁殖能力很强，在食物丰富的年头，它们繁殖得更快。

旅鼠在出生后两个月左右，就可以生育了，一年可以产下七八胎，一只母鼠一年之内就能繁殖3000多只幼鼠。

连续几年后它们的种群就会倍增，继而引发旅鼠大膨胀。当原地待不下了的时候，它们就开始成群迁徙。

1985年春天，北欧挪威山区的旅鼠迅速地繁殖，它们啃光了草地上的草根，吃净了森林里的树皮，把庄稼地也破坏得一片狼藉。但是，刚一进入4月，它们就成群结队地离开它们的出生地，向西奔去。它们到达挪威海河北海岸之后，并没有停止前进，而是像在完成使命一样，一群一群地投入大海，溺死于水中。

旅鼠的死亡大迁移

在平常年份，旅鼠只进行少量繁殖，使其数量稍有增加，甚至保持不变。只有到了丰年，当气候适宜和食物充足时，才会齐心合力地大量繁殖，使其数量急剧增加，一旦达到一定密度，例如1公顷有几百只之后，奇怪的现象便发生了。

这时候，几乎所有旅鼠突然都变得焦躁不安起来，它们东跑西颠，吵吵嚷嚷且永无休止，它们停止进食，仿佛是大难临头，世界末日就要来临。它们一反常态，不再胆小怕事，见人就跑，而是恰恰相反，在任何天敌面前都面不改色，无所畏惧，有时甚至会主动进攻，真有点天不怕地不怕的样子。

更加不可思议的是，连它们的毛色也发生了明显的变化，由便于隐蔽的灰黑变成目标明显的桔红，以便吸引天敌的注意，来

更多地吞食和消耗它们。

　　与此同时，还显出一种强烈的迁徙意识，纷纷聚在一起，形成大群。先是到处乱窜，像是出发前的忙乱，接着不知由谁一声令下，则会沿着一定方向进发，星夜兼程，狂奔而去，而大海又总是它们最终的归宿。

　　1868年，在挪威海上航行的一艘轮船突然搁浅了，水手们仔细一看，并不是触礁了，而是因为海面上黑压压的一片蠕动着的旅鼠，密密麻麻地把轮船的通路给堵住了。

　　曾经有人在挪威峡湾中航行时发现，有数以百万计的旅鼠坠入海中，密密麻麻，宽达三四千米，这还只是旅鼠群中的一支队伍。船航行了15分钟，好不容易才穿过了鼠群。旅鼠们多数都溺毙了，只有少数还活着，爬上了岸边的小岛。

曾经在斯堪的纳维亚半岛发生过自然界最悲惨、最奇异的景象：旅鼠们从四面八方接踵而来，成千上万聚在一起，离开自己的家乡，踏上征途。它们为了越过河流、湖泊，蜂拥地跃进水中，整群整群地被淹死。那些残存的旅鼠则继续前进，最终它们爬上悬崖，拥到大海边，跳进海里。

令人费解的谜

科学家们对旅鼠集体跳海的行为有着不同的解释。有人认为，是因为旅鼠种群的倍增迫使它们成群的迁徙，去寻找另外一些生息的场所。出动时，它们会固执地朝同一个方向赶去，而且

越聚越多，固执的习性使它们遇山翻山，遇海投海，它们可能并没有想到自己会溺死。也有人认为，旅鼠在迁徙的过程中，身体功能可能会发生变异，引起剧痛，才使它们从悬崖投入海中。

100多年来，学者们仍然无法给出一个合理的解释。旅鼠为什么要集体跳海自杀，直至现在还是一个谜。

延 伸 阅 读

旅鼠为了补充繁殖时所消耗的能量，它们一顿可吃相当于自身重量两倍的食物，而且食性广，草根、草茎和苔藓之类几乎所有的北极植物均在其食谱之列，一只旅鼠一年可吃45千克的食物。

世界上最大的珍珠贝

最大的贝类——大珠母贝

走进斑斓璀璨的珠宝世界，首先以柔和的光泽，迷人的色彩而将人们的目光吸引过去的便是珍珠。珍珠饰品雍容而不俗媚，俏丽而不轻浮，典雅中透着庄重，高贵而具东方诗韵。

珍珠是贝类的产物，有很多生活于海洋或淡水中的贝类，如鲍鱼、蚌、贻贝、江珧、砗磲等，其贝壳内外套膜的部分细胞，有分泌角蛋白和碳酸钙的作用，交互重叠形成珍珠质层。

　　如果受到进入体内的外来物质的刺激，这些分泌物就会不断地把外来物质包裹起来而形成具有光泽的圆珠体，即为珍珠。但是珍珠产量大，质量好的，则是海产的珍珠贝，其中又以大珠母贝所产的珍珠最大，而且色美、质优、光泽迷人。

　　大珠母贝别名白螺珍珠贝、白蝶贝，属于瓣鳃纲异柱目珍珠贝科，是我国最大的珍珠贝，壳极大，一般为25厘米左右，最大的壳长可达32厘米，体重4千克至5千克。

大珠母贝的生理构造特点

　　大珠母贝是珍珠贝中最大的一种。贝壳大而坚厚，呈碟状，左壳稍隆起，右壳较扁平，前耳稍突起，后耳突消失成圆钝状。壳面呈棕褐色，壳顶鳞片层紧密，壳后缘鳞片层游离状明显，壳内面具珍珠光泽，珍珠层为银白色，较厚。边缘稍呈黄色或黄褐色，铰合部厚，贝壳内面中央稍后处有一明显的闭壳肌痕。

大珠母贝在分类学上隶属于软体动物门，瓣鳃纲，异柱目，珍珠贝科。瓣鳃纲动物都是水生的种类，大部分为海产，全世界共有15000多种。主要特点是身体左右侧扁，左右对称，有从背部向腹面包被身体的左、右各一个外套膜和由这两个外套膜分泌的左、右各一扇瓣状贝壳，所以又叫双壳类；壳的背缘以韧带相连，两壳之间有一至两个横行的闭壳肌柱；头部因为长期在贝壳里不露出来，便完全退化；没有触角和感官，失去了作用，所以又称为无头类。

　　外套膜内侧和躯干之间左右均有一个腔，称为外套腔；瓣状的鳃为一至两对，位于外套腔中；肉质的足很发达，两侧扁，一般越向腹面越薄，好像斧头的形状，故又称为斧足类；锋利的斧足适于挖掘泥沙，使其在泥沙之中生活。

　　神经系统仍比较简单，但已有明显的神经节分化，由脑侧、脏、足3对神经节及其相连的神经索构成；消化道无口腔、颚片、

齿舌及唾液腺等；肝脏发达，多为分支状；肠常迂回盘曲在内脏内；心脏为一心室二心耳，心室常被直肠穿过；肾一对，为后肾管形，一端管壁增厚，变为腺体部；大多数雄雌异体，生殖腺一对，开口于外套腔中。

延 伸 阅 读

　　大珠母贝属于软体动物中的瓣鳃类，因数量较少，价值较高，被列为国家Ⅱ级保护动物。瓣鳃类动物不仅有可以生成珍珠的珍珠贝，还有贻贝、牡蛎、扇贝等肉味鲜美，营养丰富的食用种类，是捕捞和养殖的主要对象，经济意义十分重大。

千古罕见的人腿鱼怪

绝无仅有的人腿鱼怪

前不久，渔民们在阿拉伯海的浅水湾中，意外捕捞到一条世界上绝无仅有的人腿鱼怪。当地居民看到这令人毛骨悚然的鱼怪后，疑惑碰上了魔鬼般的不祥之物，便纷纷惊慌地离开现场。

好在来这里观望的一名外地游客带着摄像机，他好奇地拍下这珍贵的镜头。英国鱼类学家克·卡雷勃认为，毋庸置疑这张照片是真实的，毫无虚假之处，它清晰地反映出鱼怪全貌。

长期以来这种最重要的海洋生物一直被人们视为具有传奇色彩的神话中的鱼怪。19世纪中期，埃·格雷顿爵士首次对这种神奇生物作过详述。

今天，很多科学家认为，鱼怪即便不是神话，也早已从这个世界上销声匿迹了，尽管经常传来消息说，有些目击者亲眼见过这种神奇的生物。然而，对科学

来说，实在太不走运！迄今为止，连一条真正的鱼怪也没得到。

1993年，在美国加利福尼亚州，一条死鱼怪被海潮冲到海滨浴场的岸边，但遗憾的是，当专家们赶到现场时，这条鱼怪早已腐烂变质得臭不可闻，已无法将其保存下来。

半鱼半人

这张鱼怪照片的摄影者叫伦·多纳秀，他深有感触地说："当时现场的围观者很多，我甚至用手亲自去触摸了这条鱼怪，它的人腿还挺结实呢！一点儿也没有腐烂变质。这条大鱼怪只是多长出一双人腿，说它是大腿还不完全是大腿，不过，与大腿几乎没多大区别。"

当时，伦·多纳秀请求当地居民帮忙，准备将其用酒精浸泡进行防腐。他正要给渔民们扔下一大笔钱，把鱼怪赶快运到附近的任何一所大学，可是，大学在哪儿？往哪儿运呢？

这时，又出现了麻烦：渔民们死盯住鱼怪不放，他们用迷信的方式对伦·多纳秀说："据传，这条鱼怪是魔鬼的变种，如不将其放回大海，真主会惩罚这里的渔民们。"

于是，渔民们用一艘小船将这条鱼怪运回大海将其沉入水中，同时，将他们捕捞的其他水产品也全部抛入大海。

当地渔民认为，这条鱼怪不是鱼，而是海妖的侍从。这时，渔民们转身又向摄影者扑去，准备将他手中的摄像机夺走—并投进大海。伦·多纳秀紧握摄像机不放，他趁渔民们不注意一下子溜之大吉，终于摆脱了这些愚昧的渔民，才幸运地保存下这张珍贵的照片。

在俚话中，"鱼怪"一词的意思是"半鱼半人"或"美人鱼"，相信这种鱼怪真实存在的科学家把它称作"半鱼半人海洋生物"，即一半是鱼，另一半是人。

对鱼怪的研究

目前所知道的存在的美人鱼和半变态水生生物都是怪兽，它们只是上半身器官是人的，下半身器官是动物的，而照片上的这种鱼怪却恰恰相反，它的上半身是动物的，而下半身是人的。

这些半鱼半人的海洋生物究竟是怎样繁殖的，目前尚不清楚，所以，某些科学家认为，半变态水生生物和鱼怪的出现纯属从偶然到偶然的某种海洋生物的偶然变异现象。

值得注意的是，这条鱼怪的一双人腿紧挨的部位根本不是女人的臀部或人的其他器官，而是一条天生的鱼尾，它的一双人腿看上去非常像半鱼半人的海洋生物的生理特征，所以在关于"生物偶然变异现象"的学说中，似乎有过某种论述。

据诸多的目击者介绍，这种半鱼半人鱼怪几乎栖息在所有温带海域里，例如，格雷顿爵士就曾在希腊沿海发现过这种鱼怪。

当然，鱼怪照片是很有说服力的佐证材料，更有助于我们更好地分析和研究这种半鱼半人海洋生物的生理构造和生活习性，但令人遗憾的是，像这种价值连城的鱼怪活标本再也没有落入科学家的手中！

延 伸 阅 读

美人鱼：科威特的《火炬报》在1980年8月24日报道：最近，在红海海岸发现了生物公园的一个奇迹——美人鱼。美人鱼的形状上半身如鱼，下半身像女人的形体——跟人一样长着两条腿和10个脚趾。可惜的是，它被发现时已经死了。

奇异的双头蛇

真实存在的双头蛇

有关存在双头蛇的传说已有1000多年的历史。卡顿的军队似乎在非洲沙漠地带行进时遇见过这种双头蛇。

早期的生物学家曾对这种奇异可怕的生物作过详述。在学术著作中，这种双头蛇被称作"蚓蜥"。然而，从那以后的历代科学家再也没有发现过第二条双头蛇。因此，科学家们把这种双头两栖运物宣布为人的臆造产物。但是到了不久前，才得以证实这种双头蛇的确是真实存在的。双头蛇真实存在！

具有传奇色彩的双头蛇

有一次，一个民族学家旅游考察队去北非活动，想顺便考察一下当地民族的风俗礼仪和宗教生活方式。旅游考察队在热带丛林中的一个偏僻的村寨，有个意想不到的收获。

当地的土著族把蛇崇拜为活的护身符——这在非洲并非罕见。然而，这个村寨却与众不同：在寨子里土著人眼中，活的护身符既不是什么普普通通的蝰蛇，也不是平庸的眼镜蛇，而是一种独一无二的双头蛇。最初，科学家们简直不敢相信自己的眼睛，后来，他们真的意外地看到了那种具有传奇色彩的双头蛇。

这时，考察队员们为首次看到这种稀世珍宝而激动不已，渴望高价买下或央求得到它。

于是，他们慢慢凑上前去，对双头蛇进行仔细观察和研究。然而，这些土著人只对他们的这种愿望觉得可笑。

这时，土著族的首领站出来宣布：第一，双头蛇是一种千古罕见的举世宠物，不准触摸；第二，它是目前世界上独一无二的双头蛇；第三，只能在远处观望，不准靠近——这对你们来说已是很大的幸运了，因为到目前为止，还没有一个白人能来这里一饱眼福，先睹为快。

这样一来，旅游考察队的科学家们只好站在远处观看这久闻未见的珍稀生物。他们立刻拿出远焦距摄像机，拍下这珍贵的镜头。

旅游考察队领队伊·尤珍博士抱怨说："这些土著人太不通情达理了。我们想用手指轻轻地摸一摸双头蛇都不准。结果，目前只搞清了这种双头蛇有剧毒。站在哪个位置都一样，反正，它的两个脑袋照样都会咬人。"

从外表看，这种双头蛇很像响尾蛇，只是身体的大小像蟒蛇。它主要靠猎食各种小动物为生，但它最爱吃的食物就是禽类动物。然而，目前还尚未搞清，双头蛇以何种方式排泄生命活动所产生的废物。

　　它的两个头都具有较强的工作能力，它无论朝哪个方向爬行运动，都同样轻松自如。

　　这个土著人的村寨所做的一切都是为了这条双头蛇。这些土著人的信念是：假如他们的双头蛇死了，一切灾难就会降临到他们头上，他们同双头蛇共存亡。

　　因此，这里的土著人精心喂养和照料双头蛇，像爱护眼珠一样地爱护它。

　　然而，双头蛇自己也似乎意识到它在这些土著人的生活中起到什么样的作用。它有时让自己发一阵子脾气，变得"暴跳如雷"，有时，爬到照料它的主人跟前撒起娇来，讨好地"咬"他一口。

双头蛇的来历

　　有关这种双头蛇的来历目前存在两种理论：一种理论认为，

实际上，这种剧毒双头蛇是客观存在的，而且迄今仍然存在，由于它发育不全，整体存在严重的生理缺陷，因此，物种繁衍受阻，所以变得珍贵罕见。其一种理论则认为，双头蛇自己长有两个脑袋，感到相貌丑陋为世人所罕见，故而变得十分腼腆，不愿与世人见面，所以躲到人迹罕至的神秘地带。

生物学家认为，在生物学分类上，这种双头蛇又叫"非洲蚓蜥"，它是一类最普通的突变种动物。

生态学家斯·罗伊认为，当今人类如此地破坏地球的生态环境，现在可能已全部遭到破坏。因此对出现类似的突变种异常现象并不感到惊讶，因为很快又要出现长着3只长鼻子的大象和没

有尾巴的袋鼠。

目前，专家们正在围绕这个新发现并得到证实的双头蛇展开争论，并提出许多新思想、新观点、新假说……然而，那条双头蛇正在定期为"抚养"它的"衣食父母"—— 那个山寨的土著人呼风唤雨，以帮助他们解脱旱灾之苦——至少这里的土著族首领是这样认为的。

延 伸 阅 读

希腊神话中的双头蛇是天后赫拉战无不胜的保护神，是女性的保护神，她帮助赫拉使用魔法惩罚了不少情敌，恶魔与野兽见到双头蛇将会失去法力并化为灰烬，即使是天王宙斯也惧怕赫拉。

蛇中之怪

身有剧毒美德蝮蛇

在我国的北方有一个蛇岛，面积不大，仅有 4 平方千米，岛上盘踞着成千上万条蝮蛇，因此被称为"蝮蛇的王国"和"蝮蛇的乐土"。

这里的蝮蛇体长多为一米左右，头呈三角形，从眼至嘴角之间均有一条黑褐色的宽眉纹。上下唇为淡黄色，背为深色环纹，

腹面呈灰白色。这是一种剧毒蛇，当地人称之"七寸子"、"主松蛇"。

美洲也有蝮蛇，但与我国的蝮蛇不同，美洲的蝮蛇两眼之间与头顶上有4角，这可算蛇类中的奇闻了。当地人称这种蛇为"四角蝮蛇"或"角掌蝰"。这种蛇分布在拉丁美洲，尤其以哥伦比亚南部为最多。它因多在树上生活，故体表通常细长，尾巴短而且胖，这适于缠绕树枝。头呈心脏形，面貌很难看，身体是绿色，上面镶有散状的大红或桃红斑点，看上去倒有几分鲜艳。

美洲蝮蛇也是一种剧毒蛇。它们平时多趴伏在香蕉树上，体色几乎同树皮一样，这完全是一种为隐蔽和捕食而生的保护色。香蕉园里的工人常被四角蝮蛇的伪装所迷惑，而身遭其害，以致丧失了性命。

响尾蛇的秘密

在美洲、非洲等地方有一种奇异的蛇——响尾蛇，它们会剧烈地摇动自己的尾巴，发出"嘎啦、嘎啦"的声音。

响尾蛇尾巴的尖端地方，长着一种角质链状环，围成了一个空腔，角质膜又把空腔隔成两个环状空泡，仿佛是两个空气振荡器。当响尾蛇不断摇动尾巴的时候，空泡内形成了一股气流，一进一出地来回振荡，空泡就发出"嘎啦、嘎啦"的声音。

响尾蛇还同蝮蛇一样，在周围环境完全黑暗的情况下，能够以一定的准确度来判断方向，而且还能够追捕到具有一定体温的动物。

响尾蛇的两只眼睛圆溜溜、亮晶晶，是不是它们能够在黑暗中看到物体呢？1937年，科学家曾经对响尾蛇进行观察研究，把蛇的眼睛蒙住，然后观察它们在黑暗中怎样活动。结果发现它们照样能闪电般地追捕食物。因此认为响尾蛇的眼睛，亮而无神，视力并不好。

1952年，科学家对响尾蛇进行了一次实验。在响尾蛇体内同颊窝底部一层薄膜间的一根神经上，连接了一个电极。奇妙的情况出现了：当热源或冷源接近响尾蛇时，它就受到刺激，神经脉冲不断发出变化。同时还发现，在30多厘米以外的人手的热度也

会激起它的反应。

人们还做了多次试验。将响尾蛇麻醉，把颊窝膜的一条神经分离出来，通到测量生物电流的仪表上，用光（红外线除外）、声音和强烈的振动来刺激，甚至拨动响尾蛇时，都没有生物电流的产生。可是，当热体或人手接近蛇头时，生物电流就产生了；当用红外线来照射颊窝时，生物电流的反应则更强。

因此，人们得出这样一个结论：响尾蛇有个热定位器，长在眼睛和鼻孔间的颊窝地方。颊窝呈浅漏斗形，深约5毫米，外口斜向前方。小窝由薄膜分成内外两个小室。内室有细管反方向通向体外，里面的温度，同周围环境一个样；外室是热收集器，以较大的口对准需要探测的方向。膜上分布有神经，上面充满着线粒体。薄膜是特殊的感受器官，可以感受红外线的辐射，使膜神经进入兴奋状态。正是在这种热定位器的帮助下，响尾蛇才能发现在前方的热物体，并能判断它们的大小和距离，以便决定捕猎或者逃避。

追踪响尾蛇

20世纪70年代时，美国生态学家勃鲁兹·明斯在佛罗里达州的荒野追踪了75条响尾蛇，在其中28条响尾蛇的胃里装进了蜡封的小型传感器，带有这种仪器的响尾蛇既会响，还会发报，从而了解到关于它们的食性、繁殖、冬眠、迁徙等习性。

一种东方钻背响尾蛇的繁殖期不是经常说的在春季，而是在夏末。它们冬眠在同一地点：树洞或龟洞里。从11月至次年2月，不吃不喝。平时，主要以麻雀、老鼠、兔子为食。捕猎时先咬住对方，然后放射毒液，猎物纵然拼死乱跑，也免不了死亡。响尾蛇还具有明显的"记忆力"和敏锐的方向性，能够追踪被咬的猎物，并且还能用同样的追踪技术来寻觅配偶。

响尾蛇有剧毒。最近，科罗拉多州大学生物化学家安东尼·

特发现了这种蛇毒的机理。原来，在响尾蛇体内，锌和蛋白质分子相互作用，在蛇毒液中，生成一种酶。它能腐蚀人或动物的血管，破坏它的肌肉组织，他已经从这种毒液中分离出 5 种含锌毒物，如果全部将锌分离出来，"蛇毒"就不再有毒了。

延 伸 阅 读

响尾蛇的来历：它的尾部末端有一串角质环，为多次蜕皮后的残存物，当遇到敌人或急剧活动时，迅速摆动尾部的尾环，每秒钟可摆动40至60次，能长时间发出响亮的声音，使敌人不敢靠前，或被吓跑，故称为响尾蛇。

蝙蝠孩之谜

靠捕食昆虫为生的蝙蝠孩

考察研究人员在美国一些地方的野外丛林中发现一种罕见古怪的神秘生物，它很像一个长着一副蝙蝠翅膀的幼童，因此，科学家们称它"蝙蝠孩"。这种蝙蝠孩靠捕食昆虫为生。

1992年，研究人员捕获的一个蝙蝠孩突然从美国弗吉尼亚州东部夏洛特小城的一个研究室里偷偷跑了出来，一些目击者向联

邦调查局报告说，他们在弗吉尼亚州东部小城洛特郊区的丛林中发现一个蝙蝠孩——从那时起整整过去了两个半月，联邦调查局特工人员再次将它逮获关进一个小木屋。从事蝙蝠孩研究的美国科学家激动不已地说："我们终将揭开蝙蝠孩这种神秘生物的起源之谜。"

一个叫鲁·温塞尔的游客亲眼目睹了这场围捕蝙蝠孩的惊心动魄的场面：那个蝙蝠孩性情凶猛，像猛兽一样穷凶极恶地张着血盆大口，露出一口尖尖的利齿。它当场咬伤两名特工人员的手指，还咬断另一个特工人员的一个手指。蝙蝠孩身高约1.2米，体重约18千克，长着一副尖尖的大耳朵，还有一双闪闪发出黄光的豹子一样的大眼睛，后背上还长着一副宽大的蝙蝠一样的翅膀。

联邦调查局的特工人员给它打上一针镇静剂才终于使它安静

下来。不久,特工人员又把这个蝙蝠孩送到它1992年9月逃离的那个秘密实验室。

十分关切蝙蝠孩研究的美国著名动物学家伦·基隆博士说:"这次,我们一定要采取十分谨慎的安全措施,防止蝙蝠孩再度从我们的鼻子底下溜走。5年前,我在研究山区洞穴动物群落时首次发现这种大眼睛蝙蝠孩。"

无疾而终的研究

据当时参与研究的科学家们推断,这种长着尖耳朵的神秘生物可能是在蝙蝠中长大的人的婴儿,或者是另外一类独特物种,

该物种是早在史前时代从人演化的曲折路径中分化出来的。就在研究人员正要对这一神秘生物的研究下结论的前夕，那个蝙蝠孩突然扯开沉重的金属门栓跑掉了。

另一位动物学家回忆说："这个蝙蝠孩力大无穷，它扯掉金属门锁就像扯掉一把塑料门锁一样不费吹灰之力。这对它来说恰恰是一件十分危险的事。"

在从波士顿到贝克斯菲尔德的各个地方，有许多目击者几百次看到过这个机敏的"逃亡者"。另外，有几十名市民目击者惊异地讲述他们是怎样遇见这种蝙蝠孩的经过。

接连不断的袭击事件

1996年，在佛罗里达州，一名6岁女孩走进她家的小车库，并在那里发现了躲在里面的蝙蝠孩，蝙蝠孩突然向她发起攻击，咬伤了她的一只手。

1997年初，在马萨诸塞州，不知从哪儿钻出一个蝙蝠孩，它从一位44岁的男子身上咬掉一块肉。

自1997年8月起，研究人员就不断接到来自夏洛特市区目击者的报告，于是，研究人员同联邦调查局的特工人员将围捕蝙蝠孩的包围圈缩小到夏洛特地区。其后不久，那个叫温塞尔的旅行者向联邦调查局报告说："我在河岸附近曾遇见过一个长有满口利齿和一双疯狂大眼睛的生物，它还长着一副奇怪的翅膀。此外，我还听到了它的惊叫声。"于是，联邦调查局特工人员、警察和研究人员根据目击者温塞尔提供的线索，终于找到了那个"逃亡的"蝙蝠孩。

后来，基隆博士说："联邦调查局的特工人员站在他们本职

工作的角度认为，这种凶猛的神秘生物非杀不可。万幸的是蝙蝠孩丝毫没有受到伤害，从而保证了对这种生物的全面研究。"

现在，美国动物学家已将这种凶猛的神秘生物捕获许久，我们有理由相信，通过长期观察和大量研究，人们终将揭开蝙蝠孩这一神秘的生物之谜。

延　伸　阅　读

蝙蝠是唯一真正能够飞翔的兽类，有900多种。它们中的多数还具有敏锐的回声定位系统。狐蝠和果蝠完全食素。大多数蝙蝠以昆虫为食。因为蝙蝠捕食大量昆虫，故在昆虫繁殖的平衡中起重要作用，甚至可能有助于控制害虫。

使人起死回生的圣泉

传说中的圣泉

世界上到底有没有圣泉的存在呢？这样的泉水在什么地方？这些是我们都不知道的，我们几乎没见过这种神奇的东西，它真的具有起死回生的魔力吗？

对于圣泉大多数人都只是听过一些传说，多少具有一些神话色彩，也因此把它形容得更加神乎其神。

据说在法国比利牛斯山脉附近，有一个位于劳狄斯的小集镇，这个镇上有一个岩洞，在这个洞里有一股长年累月不停流淌的清泉。

传说在1858年，一个名叫玛丽·伯纳·索纳拉斯的小女孩正在岩洞内玩耍。忽然，圣母玛利亚显现在她的面前，并且告诉她在洞的后面有一眼清泉，可以治百病，说完就消失了。

让人起死回生的圣泉

据说有一个名叫维托利奥·密查利的意大利青年，患了一种非常罕见的癌症。

经X光透视发现，他的左腿只有一些软组织同骨盆相连，在里面看不到一点点骨头的成分，医生预言说他最多只能再活一年。

他也对自己没抱很大的希望，整天也不想吃饭，身体也就更加虚弱，他的母亲也很难过。

1963年5月26日，他的母亲陪同他经过16小时的艰难跋涉到达劳狄斯，第二天就去沐浴。

密查利在几个护理员的照顾下，光着身子浸入到冰冷的泉水中，但打着石膏的部位却没有浸着，只是用一些泉水冲淋一下。然而人奇迹出现了，打这以后，密查利开始有了饥饿感，而且胃口之好是数月来从未有过的。

回到家几个星期以后，密查利突然产生了想要起身行走的强烈念头，而且竟然真的拖着那条打着石膏的左腿从房间这一头走到了另一头。

之后他就继续试着在屋子里来回地走动，身体也一天比一天好，而且也变得更加健壮了。

1964年2月18日，医生们再次为他进行X光透视，片子这时显示他完全损坏的骨盆组织和骨头竟然又长出来了。对此医生也无法给出解释。

慕名而来的患者

很多年过去了，这里的泉水经年不息地涌出，这个泉水就以其神奇的治病功能吸引了许许多多世界各地的人慕名而来，而这个就是闻名世界的神秘的圣泉。

据有人统计，每年都有大约430万人去劳狄斯的这个小镇，其中有很多人都是身患疾病、甚至是已经病入膏肓被现代医学宣判了"死刑"的病人。

　　而且据一些报道，在124年当中，被医学界承认的这样的医疗奇迹就多达64例，且都经过设在劳狄斯的国际医学委员的严格审定。人们至今也不明白圣泉这种"起死回生"的奥秘究竟是在哪里。

　　有人说这是上天赐予的恩惠，是圣母对其子民的爱，当然这

是一种宗教的信仰没有任何科学依据。

　　不过现代医学的发展很快，相信人们一定会给圣泉一个合理的解释，揭开它的本质，解开这个困惑人们的谜团。

延　伸　阅　读

　　内蒙古阿拉山"圣泉"：阿拉山温泉离独山子不足10000米。这个处在天山沟壑中的温泉，依山傍水，草木丰茂，云杉独翠，环境幽雅，水温在40度至64度之间，又含有多种矿物质以及一些微量元素，能治疗多种疾病。

会滴圣水的石棺

盛满清泉的石棺

在法国的比利牛斯山区，有一个名字叫做阿尔勒的小镇子。这个小镇有一个教堂，里面有一口大约是1500多年前雕制的石棺，它长约1.93米，用奢华的白色大理石雕刻成。

这并没有什么稀奇的，但最令人不解的是，这口石棺中竟然长年盛满清泉般的水，几乎没有干涸过，对此奇特的现象却没有

一个人能解释。

镇上有的居民说，这件怪事是从960年以后发生的。那个时候有一个修士从罗马带来了两个波斯亲王，是圣阿东和圣塞南，他们在修士的指引下皈依基督教，并把自己带的圣物放入了教堂的石棺中以表虔诚。

从那以后，石棺内就有了水而且源源不绝，这水还为当地的居民带来了吉祥和幸福。

圣阿东和圣塞南也成了"圣人"，为了纪念圣阿东和圣塞南，人们就称这神奇的水为"圣水"，它还具有治疗疾病的神奇作用，人们很爱惜它，只有在万不得已的时候才拿来使用。

这口石棺里的水流之不尽，也很让人费解。有人说在法国大革命期间，外来的侵略者和当地的一些人胡乱造反，把什么东西都倒在这口石棺里，它简直变成了垃圾箱。

在那几年中石棺再也没有流出一滴"圣水"。

人们以为再也不会有"圣水"了，法国大革命结束后，人们怀着虔诚的心情将石棺里边的脏东西都清除了，这时石棺竟又重新流出了神奇的"圣水"。

而且，以后即使再干旱的年头，这口石棺照样能提供清泉一样的"圣水"，这的确让人难以理解。

"圣水"是从哪里来的

阿尔勒镇上教堂里的这口石棺为什么会有源源不断的"圣

水"流出呢？这"圣水"会是从哪里来的呢？科学家们被这些疑问深深地吸引了。

1961年，石棺里的水源之谜吸引了两位来自格累诺市的水利专家，他们试图解开石棺内的水源之谜。

刚开始水利专家认为这可能是渗水或凝聚产生的，于是想方设法让石棺与地面隔开。

为了进一步揭谜，他们还用塑料布把石棺严严实实地包了起来，防止外界的雨水渗入石棺当中，为了防止有人故意往棺内灌

水，还在石棺旁设岗让两个人轮流日夜值班看护。

但是，所有的办法都没能使石棺里的水源断绝。

一些专家们还用科学的方法对石棺内的水进行了鉴定，发现就算是石棺里的水不流动，水质也很纯净，好像能够自己自动更换一样。

还有一些相信"超自然能力"的专家作过这样的解释：当初圣阿东和圣塞南拿着"圣物"，还没放到阿尔勒镇教堂之前，曾经在别的教堂里放置过，而那个教堂的旁边一定有一个泉水井。

泉水井里的泉水渗透了到"圣物"上，这样那个"圣物"就有了出水的神奇功能。

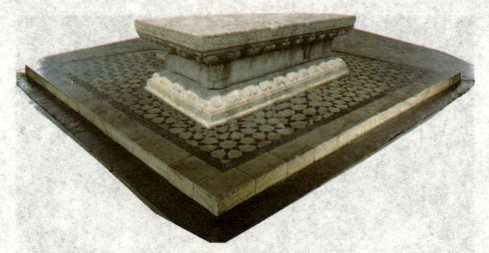

圣物被放到石棺以后，石棺也有了出水的功能。

有关专家在考察石棺过后发现，这口石棺总容量还不到300升，可是每年从这口石棺中流淌出来的水却是其容积的2至3倍。超出石棺容量的这么多的水究竟来自哪里，人们无法得到合理的解释。

这一切都还是一个谜，或许将来有一天有人会破解它。

延 伸 阅 读

在云南怒江高黎贡山有一个神话般的湖泊，人们叫它听命湖，意思是能听从人们命令的湖。人们到这里只能轻声细语地说话，如果大声叫喊，顷刻间便会风雨交加，冰雹突然而至，因此人们又把它称作迷人湖。

性情凶猛的白头海雕

北美洲特有的大型猛禽

　　白头海雕，又叫美洲雕，属是鸟纲、鹰科属。白头海雕是北美洲所特有的一种大型猛禽。一只完全成熟的海雕，体长可达一米，翼展两米多长。白头海雕的大小随着年龄、性别和生活区域的不同而变化。但是，由于年轻的雕有较长的尾羽和翅羽，所以未成年雕往往比成年雕的个头还大。

　　由于雄性白头海雕的头是白色的，所以白头海雕的俗名和学名都是源于此。白头海雕外形美丽、性情凶猛，其嘴、爪都较为锐利而钩曲，而且目光敏锐。在展开双翅，搏击长空，凌空翱翔时，总是那样英姿威武、威风凛凛。

　　有时候，白头海雕被译为秃鹰。这样就会让人以为，白头海雕像秃鹫一样头上没有羽毛。其实，白头海雕被叫做"秃鹰"是因为白头海雕的头部为白色，并且一直覆盖到颈部，闪闪发光，同身上的羽色形成鲜明的对比，远远望去，总是给人一种没长羽毛的"光秃秃"的感觉，所以俗称为"秃鹰"。由此可见，秃鹰的这种叫法是不科学的，因为它全身羽毛丰满，并无秃可言。

　　白头海雕是北美洲所特有的一种大型猛禽。它和大部分食肉猛禽一样，雌雕要比雄雕个头大。其中的原因有许多种可能。有些生物学家认为，雌雕的大个头能让它们更好地守护自己的巢、蛋和小雕。个头较小的雄雕翱翔起来更为轻松。一般来讲，雌白头海雕的翼展长达2.3米，雄白头海雕的翼展却仅有1.8米。白头海雕的这种外形更有利于守护好自己的地盘。

　　未成年的白头海雕全身是深棕色的羽毛；4岁至6岁成年后，白头海雕的眼、虹膜、嘴和脚为淡黄色，头、颈和尾部的羽毛为白色，身体其他部位的羽毛为暗褐色，十分雄壮美丽。

　　一只完全成熟的白头海雕，体长71厘米至96厘米，翼展168厘米至244厘米，重量3000克至6300克。白头海雕的平均寿命为15年至20年，被豢养的有可能活到50岁左右。

　　白头海雕分布在北美洲的加拿大、美国本土和北墨西哥。白

头海雕是北美洲唯一的海鹰，栖所为多沼泽的支流、路易斯安那以及东部落叶林、魁北克和新英格兰。北部的白头海雕属候鸟，而南部的白头海雕为留鸟。白头海雕早先养殖在北美洲中部。但是，白头海雕的最低数量主要限于阿拉斯加、阿留申群岛北部和东加拿大和佛罗里达。此外，白头海雕的亚种也分布于北美洲的各地区。

白头海雕的生活习性

白头海雕是一种凶猛的捕杀动物。它们具有利爪和撕裂动物用的钩嘴，这也正是鸟类学家授予它们"猛禽"称谓的原因。白头海雕像其他大多数猛禽一样，是日间捕食性鸟类，常成对出猎，凭其异常敏锐的视力，即使在高空飞翔，也能洞察到地面、水中和树上的一切猎物。

不过，白头海雕还是以鱼类为主食，所以，它们常栖息于河流、湖泊或海洋的沿岸。在美国阿拉斯加州海纳斯附近的奇卡特河区域，在每年11月份鲑鱼洄游时期，仅仅10多千米长的河岸，竟能吸引三四千只白头海雕。由于白头海雕的到来，也给当地旅游业带来一笔可观的经济效益。

白头海雕主要以大马哈鱼、鳟鱼等大型鱼类为食。此外，白头海雕也吃海鸥、野鸭等水鸟和生活在水边的小型哺乳动物。白头海雕的飞行能力极强，在飞行的时候，还常发出类似海鸥的叫声。它们的视力比人类的眼睛要锐利很多倍，尤其对移动物体的反应视力更是出类拔萃。

白头海雕常常凌空盘旋，放眼四野，明察秋毫，动作敏捷，狡兔纵有三窟也难以逃脱它们的利爪。此外，白头海雕还能在水面上抓起几十千克重的大鱼。通常情况下，白头海雕都是成双成对地活动，合力追捕受伤的或瘦弱的水鸟。白头海雕偶尔会进攻那些在飞行中的天鹅，也会把浮在水面上的大鱼拖到岸边。

在捕食的时候，白头海雕一边在海面或湖面盘旋，一边用其锐利的目光搜索贴近水面游动的鱼类。一旦发现目标，便急速俯冲下来抓获。如果鱼比较小，它们就会用锐利的爪子一下抓到鱼背腾空而起；如果碰到大鱼抓不起来时，就会被大鱼拉入水中。因此，当经过奋力拼搏，实在不能获取猎物时，白头海雕就会放开大鱼，重新飞上天空。

白头海雕的生长繁殖

白头海雕彼此之间的交往是由一年中的不同时间而定。一般情况下，春季和夏季，成年白头海雕忙于筑巢。为了便于捕鱼，白头海雕往往会将巢筑于河流、湖泊或海洋沿岸的大树上，年复一年地使用和修补同一个巢。

在这期间，准备繁殖配对的白头海雕都会坚守着自己的地盘。它们很少和其他白头海雕接触，除非是为了赶走入侵者。那

些年龄太小、还不能交配的白头海雕会在暖和的月份里东寻西探，了解周围的环境，努力地生存下来。在冬季迁徙的时候，白头海雕彼此会交往得多一些，它们常常聚集在一个丰富的食物源周围。对此，生物学家认为，白头海雕的这种冬季聚居能够为年轻的成年白头海雕提供一个可能与配偶相遇的场所。

白头海雕实行终生配偶制。到了繁殖季节，白头海雕就会成群地集中到一些食物比较丰富的地区，将巢筑于悬崖峭壁上，或者参天大树的顶梢上。筑巢的材料主要是树枝，里面也铺垫一些鸟羽和兽毛。

白头海雕和其他鹰类一样，也喜欢利用旧巢，并且在繁殖期间不断地进行修补，使巢变得越来越庞大。一般来说，白头海雕的巢直径可达2.8米，厚可达6米，重量可达2000千克。

雌白头海雕一般在每年的11月上旬产卵。但是，有的早些，

有的晚些，时间可以相差几个月。每窝产卵两枚，孵化期为一个月左右，第一只雏鸟和第二只雏鸟出壳的日期可以相差好几天。在雏鸟出壳后，一般需要经过4个月，才能长成幼鸟。

雏鸟由雄鸟和雌鸟共同觅食抚育，通常都是喂给它们小鱼或小型哺乳动物，在喂给雏鸟之前要先撕成碎片。随着雏鸟不断长大，饲喂的食物块也越来越大，最后便将整个的食物放在巢中，任其啄食。在育雏晚期，白头海雕每次喂给小白头海雕的食物数量更多了，但是喂的次数却逐渐减少。

白头海雕的生存竞争
幼雕的体形与成年相差不多，但体重甚至会超过成年。幼鸟全身的羽毛都是栗褐色，头部和尾部都没有白色的羽毛。幼鸟在大鸟的诱导下，开始练习用双脚捕捉猎物或抓取巢材。在练习过程中，幼鸟的肌肉力量不断增强，体重也有所下降。但是，幼鸟羽毛的颜色变化十分缓慢，一般需要5年左右，才能变成成鸟的羽色。3个月后，幼雕便可以离开巢穴独立生活。

一般鸟类在孵化期间是不产卵的，但白头海雕却与众不同。雌鸟在产下第一枚卵后就开始孵化，在孵化初期还会再产第二枚卵。这样雏鸟出壳的日期先后可以相差几天，因此先出壳的雏鸟往往比后出壳的雏鸟大许多。

如果食物极端缺乏，

便导致同窝雏鸟自相残杀的悲剧。先出壳雏鸟如果没有食物可吃，就会把后出壳的雏鸟当做食物吃掉。由此可见，白头海雕雏鸟在成长的过程中，也需要经过严酷的生存竞争。

延 伸 阅 读

美国国鸟：白头海雕因为体态威武雄健，又是北美洲的特产物种，所以深受美国人民的喜爱。因此美国在独立之后不久的1782年6月20日，总统克拉克和美国国会通过决议立法，选定白头海雕为美国国鸟。

鸟中"清道夫"

安第斯神鹰

在广阔的非洲大草原上，大群的食草动物不论走到哪里，都尾随着一些对其垂涎欲滴的动物。在这些觊觎者中，秃鹫随时可见，它们紧追目标，不停地在兽群上空盘旋。

突然，其中一只秃鹫发现一具尸体，它在空中盘旋几圈后，准确地落在尸体旁边，刹那间，二三十只秃鹫相继降落，于是，

尸体被撕裂，内脏被吞食，肌肉被成条地撕下。

在南美安第斯山脉，安第斯神鹰正遨游碧空、俯视丘陵，期望能遇到一只死羊以饱饥肠。从外表看，安第斯神鹰跟非洲草原上的秃鹫非常相似：头和脖子都只生着短短的绒羽，仿佛是裸露的。但是，鸟类学家指出，它们并无共同的祖先，也没有亲缘关系。非洲草原上的秃鹫是旧大陆鹫的后裔，是鹰的近亲。而安第斯神鹰是新大陆鹫。

秃鹫的种类

大约在2000万年前，旧大陆鹫曾驻足美洲新大陆。后来，由于某种目前尚未确知的原因，它们彻底从新大陆上消失了。随着旧大陆鹫的消失，新大陆鹫的祖先兴起了，成了新大陆上以尸体、腐肉为食的鸟类。

据研究，新大陆鹫的祖先在生存历史上较旧大陆鹫还要久远，它们是单独进化的一类鹰鹫类鸟。跟旧大陆鹫不同，新大陆鹫的鼻孔是相通的，有些种类有根发达的嗅觉器官；新大陆鹫的爪很细弱，不像旧大陆鹫有雕一样强劲的利爪。另外，新大陆鹫的鸣管很不发达，因而近乎"哑巴"。

现存的新大陆鹫只有7种，因为它们全部分布在美洲，所以又称美洲鹫，安第斯神鹰就是其中之一。

这种鹫体羽黑色，雄鹫前额有一个大肉垂，裸露的颈基部有一圈白色的羽领，裸露的头、颈和嗉囊都呈鲜红色，因它们主要栖息在安第斯山脉中温尼佐拉至苔拉德福格的高山上，又因它们展翼达3米，体重达12000克，被认为是可飞行的最大的一种鸟，所以，人们称它们为"安第斯神鹰"。

安第斯神鹰善于翱翔，能借助山间的上升气流升高，并悄无

声息地飞越沟壑大川。它们可以以任何动物的尸体为食，尤其爱吃牛羊的尸体。跟许多旧大陆鹫不同，安第斯神鹰很少聚成几十只的大群一起进食。

安第斯神鹰十分贪食，不吃完尸体是绝不会离去的。安第斯神鹰常常在吃食后飞到高高的悬崖上久"坐"，因为它们吃得太多太饱。不过，它们的消化系统肌肉发达，消化力强，即使所食过多也能顺利消化。目前，因为得到了严格的法律保护，安第斯神鹰在安第斯山区和南美太平洋沿岸比较常见。

旧大陆鹫大约有13种，广泛分布于非洲、亚洲和欧洲，肉垂秃鹫就是其中的一种。

肉垂秃鹫是生活在非洲荒漠草原上的一种数量非常多的大型旧大陆鹫，它体长约1米，展翼可达2.7米，因其裸露的头部两侧悬垂着粉色肉垂而得名。

肉垂秃鹫背部羽毛黑色和褐色间杂，尾楔形，腹部长有大量

白色绒羽，使它们看上去像一个领系餐巾、衣衫不整的嬉皮士。说起它们的行为，人们常用两个字来形容——"贪婪"。原来，肉垂秃鹫非常霸道，不论是不是它们先发现的尸体，在争斗中它们总是占上风。

如果其他秃鹫不肯让出尸体，它们就会用武力驱赶。肉垂秃鹫取食时也有严格的顺序，总是个体大、身体强的秃鹫先进食。进食时，它们原来粉红色的脸和颈因兴奋会渐渐变成红色，极度兴奋时甚至可以变成紫红色。可笑的是，霸道的肉垂秃鹫在鬣狗来夺食时，却不敢出声而且会乖乖地退到一旁等待着吃一点"残羹剩饭"。

中国的胡兀鹫

在我国生活的最著名的鹫是胡兀鹫，即人们常说的胡子雕。

它的头颈不像其他秃鹫，而是生满羽毛。

它的眼前方、眼前上方、鼻子基部及颏和下颌相连的地方都长着黑色刚毛，看上去像长着一脸"络腮胡须"，胡子雕的绰号由此而来。跟其他秃鹫相比，胡兀鹫不仅食尸体腐肉，而且还捕食活物，特别是山羊。它们也捕食野兔、野鸡和旱獭等。

胡兀鹫不但吃肉，还嗜食骨头。它们能咬碎羊骨，并且会把咬不动的骨头叼上天空，然后一松嘴，让骨头掉在岩石上摔碎后再食用。

据说，胡兀鹫能用同样的方法将捕到的龟摔碎吃掉。在非洲，胡兀鹫还会叼起石头砸碎鸵鸟蛋吃，这种本能令动物行为学家大为吃惊。

事实上，秃鹫扑食的过程也反映出它们一定的智能水平。

哺乳动物在平原或草地上休息时，通常都聚集在一起。秃鹫掌握这一规律以后，就特别注意孤零零地躺在地上的动物。一旦发现目标，它便仔细观察对方的动静。如果对方纹丝不动，它就继续在空中盘旋察看。

这种观察的时间很长，至少要两天左右。在这段时间里，假如动物仍然一动也不动，它就飞得低一点，从近距离察看对方的腹部是否有起伏，眼睛是否在转动。

倘若还是一点动静也没有，秃鹫便开始降落到尸体附近，悄无声息地向对方走去。这时候，它犹豫不决，既迫不及待想动手，又怕上当受骗遭暗算。它张开嘴巴，伸长脖子，展开双翅随时准备起飞。秃鹫又走近了一些，它发出"咕喔"声，见对方毫无反应，就用嘴啄一下尸体，马上又跳了开去。这时，它再一次察看尸体。如果对方仍然没有动静，秃鹫便放下心来，一下子扑到尸体上狼吞虎咽起来。

有时候，秃鹫飞得很高，未必能发现地面上的动物尸体。但其他食尸动物如乌鸦、豺和鬣狗等的活动，可以为它提供目标。如果秃鹫发现它们正在撕食尸体，秃鹫会降低飞行高度，作进一步的侦察。假如确实发现了食物，它会迅速降落。这时，周围几十千米外的秃鹫也会接踵而来，以每小时100千米以上的速度，冲向这美味佳肴饱餐一顿。

在人们的印象中，秃鹫似乎只吃肉，不论鲜肉还是腐肉，殊不知，生活在中非和西非的一种旧大陆鹫——棕涧鹫却主要以棕

涧果实为食。不过，它们的外表倒是跟大多数秃鹫相似，头部裸露，裸露的部分只生有橘黄色的绒羽，同其黄色的钩状嘴十分协调。

过去人们对秃鹫的功过褒贬不一。以前，很多人认为秃鹫常食腐尸，跟肉体接触，很可能是传播疾病的媒介，因而主张捕杀。动物学家后来发现，事实并不如此。

首先，它们的消化系统能有效地杀死吃进去的细菌；其次，它们在吃完食后，常吐出一种黏液状物质涂刷双脚。这种分泌物是一种有效的消毒剂，能杀死脚爪上的细菌；第三，秃鹫的头颈裸露，有利于它们把头伸入尸体体腔，掏食内脏。它们吃完食后，喜欢在阳光下晒。由于头颈没有羽毛的遮拦，在阳光中紫外

线的强烈照射下，沾在头颈上的细菌和寄生虫卵就被杀死。

实际上，秃鹫吃掉死动物的尸体，不仅没有传播疾病，还能减少动物疾病的传播。如果没有这些起净化作用的鸟类，自然界将会是怎样一种情景呢？

延 伸 阅 读

秃鹫的繁殖习性：秃鹫每窝产卵一至两枚，雌雄均参与孵卵，孵卵期约55天。雄秃鹫每天辛辛苦苦地四处觅食，然后再耐心地给幼鸟喂碎肉浆。秃鹫的胃口很大，每次都要吃到脖子都被装满为止。

世界上脚最多的动物

脚最多的动物

世界上脚最多的动物是千足虫，又称马陆，这是一种陆生节肢动物，隶属节肢动物门多足纲倍足亚纲，国内各地均有分布。千足虫，体呈圆筒形或长扁形，分成头和躯干两部分。

马陆头上有一对粗短的触角，躯干由许多体节构成，多的可达几百节。第一节无足，第二至四节，每节一对足，其余每节均有两对足。

北美巴拿马山谷里有一种大马陆，全身有175节，共690只足，可称为世界上足最多的动物了。

马陆并不是一生下来就有这么多足的。初生的幼虫只有7节，蜕皮一次增至11节，有7对足；二次蜕皮后增至15节，有15对足；经过几次变态发育后，体节逐渐增多，足也就随之增加。

当然，还有许多其他种类的马陆。有的身体较小，才2毫米长，和大马陆相比，它们的足少得多。

马陆行走时左右两侧足同时行动，前后足依次前进，密接成波浪式运动，很有节奏。不过，它们虽然足有很多，但行动却很迟缓。

马陆的生活习性

马陆平时喜欢成群活动，一般生活在阴暗潮湿的地方，如枯枝落叶堆中或瓦砾石块下。专吃落叶、腐殖质；也有少数种类吃植物的幼芽、嫩根，是农业上的害虫。除草坪外受害植物还包括仙客来、瓜叶菊、洋兰、铁线蕨、海棠、吊钟海棠、文竹等一些花卉植物。

马陆虽然无毒颚，不会螫人，但它们也有防御的武器和本领。它们一受触动就会立即蜷缩成一团，静止不动，或顺势滚到别处等危险过了才慢慢伸展开来爬走。而且它们的体节上有臭腺，能分泌一种有毒臭液，气味难闻，使得家禽和鸟类都不敢啄它们。

马陆的卵产于草坪土表，卵成堆产，卵外有一层透明黏性物质，每只可产卵300粒左右。在适宜温度下，卵经20天左右孵化为幼体，数月后成熟。马陆一年繁殖一次，寿命可达一年以上。

马陆的生态作用

马陆是森林生态系统重要的分解者，它们的摄食量随温度的升高而增加。据初步估算，马陆对凋落物的分解量约占该地区年平均凋落物量的0.21%。

马陆对同一种、不同腐解程度的叶片摄食量不同，对半分解凋落物的摄食量大于对未分解凋落物的摄食量。在不同温度条件下，其同化效率随温度升高而降低，而粪便随温

度升高而增加，在不同林型下个体数量分布不均匀。通常阔叶林、针阔叶混交林、针叶林在土壤的垂直分布，具有明显的表聚现象。马陆的个体数量随季节变化明显，以夏末最多，冬末最少。

土壤动物是生态系统物质循环中重要的分解者，马陆是土壤动物中的常见类群，主要以凋落物、朽木等植物残体为食，是生态系统物质分解的最初加工者之一。

目前，对大型土壤动物的饲养研究在国内外均有报道，但对马陆所作的研究在国内尚未见到；通过对马陆的生态分布及摄食量等的研究，探讨并揭示该类群在森林生态系统物质分解过程中的功能，具有重要的意义。

延 伸 阅 读

马陆除头节无足，头节后的3个体节每节有足一对外，其他体节每节有足2对，足的总数可多至200对。除头4节外，每对双体节含2对内部器官：2对神经节及2对心动脉。头节含触角、单眼及大、小腭各一对。

动物界的伪装高手

变色龙的简介

　　变色龙属于蜥蜴亚目避役科爬虫类，多产于东半球，主要是以树栖的方式生活。变色龙的身体特征就是身体肤色能自由变化，每2趾至3趾并合为二组对趾，前端生有尖牙，舌头细长并可自由伸展，大都具有两侧扁平，尾常卷曲，眼凸出，两眼可独立地转动等特征。鬣蜥科的安乐蜥产于西半球，亦称假避役。真避

役有两个属系，Brookesia属系中有19个种类，避役属也就是Chamaeleo属系中有70个种类。

变色龙的种类中有约一半的种类仅分布在马达加斯加这一个区域中，其他大部分的变色龙种类则是分布在撒哈拉沙漠以南的非洲地区；分布在亚洲西部的有两种；在印度南方和斯里兰卡地区的只有一种；另一种普通避役分布在近东向西穿过北非达西班牙南部的一带地区。

某些种类的变色龙的头呈盔形状，有的种类的头盔更像是显目的头饰，有的还会向前方伸出长角，雄性变色龙的头盔更为显眼，这更有利于防卫自己的领地不被侵犯。

变色龙主要依靠食用昆虫为主，体形比较大型的种类是依靠食用鸟类来维持生命。大多数的变色龙种类都是以卵生的方式繁衍后代，它们会在地上产2枚至40枚卵，然后将卵埋在土里或腐烂的木头里，约3个月的时间就能孵化出幼仔。南非有几种变色龙种类是以卵胎生的方式繁衍后代。

变色龙的特征

变色龙属于爬行类动物，是一种非常奇特的动物，变色龙大都树栖生活。避役的体长约15厘米至25厘米，身体的特征一般都是身体侧扁，背部有脊椎，头上的枕部有钝三角形突起。

四肢很长，指和趾合并分为相对的两组，前肢前三指形成内组，四五指形成外组；后肢一二趾形成内组，奇特三趾形成外组，这样的特征非常适于变色龙握住树枝。变色龙的尾巴很长，这可以方便它缠卷树枝。

它有很长很灵敏的舌，能伸出来超过它的体长的长度，舌尖上有腺体，能分泌大量黏液粘住昆虫。

变色龙的眼睛十分奇特，主要特征就是眼帘很厚，呈环形，两只眼球突出，左右180度，上下左右转动自如，左右眼可以各自单独活动，不协调一致，这种现象在动物界中是十分罕见的。

变色龙的双眼各自分工前后注视，既有利于捕食，又能及时发现后面的敌害。变色龙

舌头的长度是自己身体的两倍，通常它只需1/25秒的时间就可以用长舌捕食，这种方式被称为是闪电式捕食法。变色龙通常都栖息在树上，并喜欢做一走一停的动作，经常被天敌误以为是被风吹动的树叶。

变色龙学名被称为"避役"，"役"在汉字中的意思是说"需要出力的事"。而"避役"的意思就是说，可以不出力就能吃到食物。这也就是说变色龙善于根据周围环境，随时改变自己的皮肤颜色。变色既有利于隐藏自己，又有利于捕捉猎物。变色龙这种变换肤色的生理变化是在植物性神经系统的调控下，通过体内色素细胞的扩展或收缩完成的。

变色龙的种类

变色龙的种类约有160种，主要分布在非洲大陆和马达加斯加岛地区。其中在马达加斯加地区生长居住的变色龙种类大约有80多种，有59个变色龙种类是马达加斯加地区所独有的物种，可以说马达加斯加是世界上最大的，同时也是最独特的变色龙世界。

目前新的变色龙种类还在不断被人类发现。根据物种基因分析，变色龙种类可以定义为一个独立的物种类型。

变色现象

变色龙的皮肤会随着周围环境、温度的高低和心情而改变；雄性变色龙会将暗黑的保护色变成明亮的颜色，以警告其他变色龙离开自己的领地。有些变色龙将肤色由平时的绿色变成红色来威胁敌人，达到避免遭受天敌袭击，保护自己的目的。

变色龙的变色功能不仅具有躲避天敌的功效，还具有吸引配偶，传情达意的意思。变色龙是自然界中公认的"伪装高手"，是"善变"的树栖类爬行动物，它们在完美的武装下可以很好地逃避天敌侵犯和接近自己的猎物。《美国国家地理杂志》曾撰文指出，根据动物专家的最新发现显示，变色龙变换体色不仅仅是为了伪装，另一个重要作用就是利用体色的不断变化，向同伴进行信息传递，这相当于人类的语言，便于变色龙和同伴之间的语言沟通。

美国纽约国家自然历史博物馆爬虫动物学副馆长克里斯多

佛·拉克斯沃斯是目前全球研究变色龙的资深专家之一，他就曾在马达加斯加岛上发现了几个新型的蜥蜴种类，同时还积极地奔走相告，向全世界的动物组织呼吁保护马达加斯加岛的变色龙栖息基地，要保护变色龙这一大自然赐予的神奇生物。

同时，拉克斯沃斯还发现变色龙之间的信息传递和表达都是通过变换体色来完成的，它们经常在捍卫自己领地和拒绝求偶者时，表现出不同的体色。

他对变色龙不同时期变换出的不同肤色是这样解释的："为了显示自己对领地的统治权，雄性变色龙会向侵犯领地的同类示威，体色也相应地呈现出明亮色；当遇到自己不中意的求偶者时，雌性变色龙会表示拒绝，随之体色会变得暗淡，并且显现出闪动的红色斑点；此外，当变色龙意欲挑起争端、发动攻击时，体色就会变得很暗。"

为什么会变色

与其他爬行类动物不同的是，变色龙能够随自己意愿地改变自己的肤色。变色龙变换体色完全取决于皮肤表层内的色素细

胞，在这些色素细胞中充满着不同颜色的色素。

纽约康奈尔大学生物系的安德森对变色龙肤色的"变色原理"进行了研究后，总结出变色龙皮肤中有3层色素细胞，最深的一层是由载黑素细胞构成的，细胞带有的黑色素可与上一层细胞相互交融；中间层是由鸟嘌呤细胞构成，它主要调控暗蓝色素；最外层细胞则主要含有是黄色素和红色素。

安德森说："基于神经学调控机制，色素细胞在神经的刺激下会使色素在各层之间交融变换，实现变色龙身体颜色的多种变化。"

变色龙原产地在非洲。依据变色龙的生活习性，喜欢饲养变色龙的动物爱好者可以采用树枝制成的饲养箱给变色龙安个小家。同时，尽量保证有充足的自然日光照射，最好是让变色龙每天接受30分钟的日照。最佳的日照时间在早上太阳出来后，在自然光线下，变色龙的颜色会更加明亮、色泽鲜明。

变色龙是一种冷血动物，因此在饲养过程中它与热带鱼有很多的相似之处，对温度的要求都较高。通常日间温度应保持在28℃至32℃，夜间温度可保持在22℃至26℃。

如果长期处于低温状态，变色龙会降低食欲减缓正常的身体生长，严重时甚至还会影响身体健康状况。

变色龙的主要食物是昆虫，大多数的变色龙会厌恶单一的进食方法，有时会为了抗拒单一的进食而拒绝进食，直至死亡。

延 伸 阅 读

2012年2月17日德国和美国科学家在马达加斯加新发现4种变色龙，它们成年后的躯干长度仅有指甲盖大小，可能是迄今世界上最小的变色龙。

蛇岛是怎么形成的

我国的蛇岛

许多海岛由于气候温和湿润，适合蛇类栖息。其中海岛中蛇类数量最多的，当首推我国的蛇岛。

蛇岛位于渤海东部，距旅顺老铁山只有20多千米，属大连市管辖。它长约1500米，宽700米，面积0.8平方千米，海拔215米，岛上植物繁茂，灌木杂草丛生。就是这么一个小岛，上面竟盘踞

着14000条凶猛的毒蛇——黑眉蝮蛇。

　　黑眉蝮蛇善于利用各种保护色进行伪装。它们挂在树上就像干枯的树枝，趴在岩石上恰如岩石的裂纹，蜷伏在草丛中活像一堆畜粪，这样的伪装很能迷惑过往的候鸟。

　　这些鸟儿一旦收拢翅膀降落在树枝上、岩石上或草丛中，转眼间就被蝮蛇咬住，成为它的美餐。

　　据说在20世纪30年代，岛上的黑眉蝮蛇有50000条之多！由于种种原因，蝮蛇的数量急剧下降。现在，已经采取了保护措施，经国务院批准，1980年成立了辽宁省蛇岛老铁山自然保护区。

蛇岛的形成
　　蛇岛是在特定的地理环境下，经过长期的自然变化而形成的。从蛇岛的岩层、岩相分析大约在10亿年以前形成。

蛇岛和辽东半岛连在一起，在距今一亿年前的中生代燕山运动以及后来距今1000万至2000万年前的喜马拉雅造山运动产生了辽河断裂，渤海下陷。

　　蛇岛在这个阶段由被挤压的巨石在渤海中形成。当时蛇岛很小，只是现在的几分之一，在以后若干年地壳不断上升后才形成今天的样子。

　　多年来，在蛇岛上形成了蛇吃小鸟，小鸟吃昆虫，昆虫吃植物，植物以鸟粪为肥料的食物链，形成了以蛇为中心的完整的生态系统。

　　黑眉蝮蛇在日益发展的系统中形成大型群体，20世纪50年代中期据我国科学家调查统计，当时蛇岛上有黑眉蝮蛇5万至10万条，可在1958年6月蛇岛发生了一场大火，连烧了四五天，整个蛇岛植物几乎化为灰烬。

大量蛇被烧死、烤死，使蛇资源遭到严重损失。改革开放以后蛇岛被列为国家级自然保护区，成立了专门管理机构，并且在蛇岛上建立了观察站，对蛇岛上黑眉蝮蛇进行科学的观察分析并加以利用和保护，使其健康地发展。

科学研究证明，岛上蛇所产生的蛇毒是宝贵的药用资源。它制成的药剂对治疗各种神经肌肉、血液循环等疾病能起到良好效果。

岛上的蛇是由大陆上来的，但不是大陆蛇类渡海过去的，也不是由渔船带至岛上去的，而是地质时期海陆变迁的结果。

大约在几亿年以前，海面远比今天海面高，或者说是大陆太低，辽东半岛与蛇岛虽连在一起，但均被淹没在海中。

到了4亿年以前，这一地区开始成陆，辽东半岛与蛇岛开始逐渐露出海面，后来经过数次的地壳运动以及海平面的升降，使得蛇岛饱经沧桑之变。

目前蛇岛的蝮蛇种群已由保护区建立初期的9000条左右增加到了20000多条，取得了蝮蛇科研最新成果。

关岛蛇的来历

关岛位于太平洋西部，面积540平方千米，住有10万人口，是马来西亚群岛中最大的岛屿，现为美国所占，关岛原本是一个普通的海岛，并没有多少蛇。可现在岛上蛇的数目却大得惊人。那么，这些蛇是怎么来的呢？

原来，第二次世界大战期间，关岛是美国在太平洋上对日作战的重要军事基地，当舰船从澳大利亚、新几内亚和所罗门群岛往关岛运送军需物资时，偷藏在货物中的褐色树蛇也被运到关岛。褐色树蛇是一种无毒蛇，最大的有4米长。因为它们无毒，人们便不必限制其生长；而关岛的气候又温和湿润，还有大量鸟类

可食，褐色树蛇便得以大量繁衍。目前，关岛的树蛇已达到每平方千米6000多条，有的地区竟多达每平方千米12000条。因而，人们惊呼，关岛已成为蛇岛了！

延　伸　阅　读

　　南美洲的某处有一个小岛，生长在这里的蛇类全部属于黄金头带类，它们长年以蟑螂、百足虫等动物为主食，并在候鸟迁徙的季节享受一顿盛宴。由于鲜有天敌，食物充足，这里是名副其实的蛇国。

最神秘的海洋巨蟒

北海巨妖

  曾多次阻遏丹麦大军入侵英伦的英格兰国王阿尔弗雷德大帝，是9世纪智慧而博学的一位大帝，关于传说中的海洋巨蟒，他曾在他的羊皮纸簿中这样写道："在深不可测的海底，北海巨妖正在沉睡，它已经沉睡了数个世纪，并将继续安枕在巨大的海

虫身上。直至有一天，海虫的火焰将海底温暖，人和天使都将目睹，它带着怒吼从海底升起，海面上的一切都将毁于一旦。"

　　阿尔弗雷德大帝在羊皮纸中所提到的北海巨妖，也就是北欧传说中至少有30米长的巨大海怪，或称海洋巨蟒。传说它们平时伏于海底，偶尔会浮上水面，有的水手会将它的庞大躯体误认为是一座小岛。这种海怪威力巨大，据说可以将一艘三桅战船拉入海底，所以人们对海怪总是毛骨悚然、谈之变色。那么这个看似言之有据的传说究竟是真是假呢？

船长亲眼所见

　　一个叫索罗门·阿连的船长声称自己曾亲眼见过传说中的海洋怪兽，他说那是在1817年的8月，地点是在美国马萨诸塞州格洛斯特港海面上。

他这样描述了当时的场景："当时，像海洋巨蟒似的家伙在离港口约130米左右的地方游动。这个怪兽长约40米，身体粗得像半个啤酒桶，整个身子呈暗褐色，头部像响尾蛇，大小如同马头。它在海面上一会儿直游，一会儿绕圈游。它消失时，会笔直地钻入海底，过一会儿又从180米左右远的海面上重新出现。"

我们不能确定，他所说的到底是真是假，但是同一艘船上的其他人也声称自己见到过巨蟒，那么这个人又是谁，他当时又看到了什么呢？

还见到过海洋巨蟒的人是和索罗门·阿连船长同一艘船上的木匠马修和他的弟弟达尼埃尔及另一个伙伴，他们说他们遇到巨

蟒时正乘坐一艘小艇在海面上垂钓。

马修之后回忆说："我在怪兽距离小艇约20米左右时开了枪。我的枪很好，射击技术也不错，我瞄准了怪兽的头开枪，肯定是命中了。谁知，怪兽就在我开枪的同时，朝我们游来，没等靠近，就潜下水去，从小艇下钻过，在30多米远的地方重又浮出水面。奇怪的是，这只怪兽往下潜时并不像鱼类那样有幅度地往下游，而是做垂直方向的下沉。我是城里最好的枪手，我清楚地知道自己射中了目标，可是海洋巨蟒似乎根本就没受伤。当时，我们吓坏了，赶紧划小艇返回到船上。"

如果说这艘船上的人说的都是假的，可还有人声称也见过这样的场景。

再遇海洋怪兽

时间精确到1851年1月13日的清晨，发现者是当时航行在南

太平洋马克萨斯群岛附近海面的美国捕鲸船"莫侬加海拉号"的一名海员，他在桅杆上瞭望时惊呼起来："那是什么？从来没见过这种怪物！"

船长希巴里闻讯奔上甲板，举起单筒望远镜向远处看去："唔，那是海洋怪兽，快抓住它！"

随即，从船上放下3艘小艇，船长带着多名船员手执锋利的长矛、鱼叉，划着小艇向怪兽驶去。那只怪兽是个身长30多米的庞然大物，单单是颈部的粗细就有几米，而它身体最粗的部分竟达10米左右。该兽头部呈扁平状，有清晰的皱褶，背部为黑色，腹部则为暗褐色，中间有一条不宽的白色花纹。这只怪兽在海中游弋起来像一艘大船，让大家都看得目瞪口呆。

当微小的小艇快靠近那只巨大的怪兽时，船长一声令下，10多只鱼叉、长矛立即向怪兽刺去，顿时，血水四溅，突然受伤的怪兽在大海里挣扎、翻滚，激起阵阵巨浪。船员们冒着生命危险，与怪兽殊死搏斗，最后怪兽终因寡不敌众，力竭身亡。

船长将怪兽的头切下来，撒下盐榨油，竟榨出10桶像水一样清澈透明的油。让人感到遗憾的是，"莫侬加海拉号"在返航途中遭遇海难，所以向大家讲述这个奇遇的是幸存的几个人。

英国战舰的海洋奇遇

1848年8月6日，英国的战舰也经历过这样的海洋奇遇，当时的英国战舰"迪达尔斯号"从印度返回英国时途经了非洲南端的好望角，当从好望角向西驶去约500千米时，瞭望台上的实习水兵萨特里斯突然大叫了起来："一只海洋怪兽正朝我们靠拢！"

船长和水兵们急忙奔到甲板上，只见在距战舰约200米处，那

只怪兽昂起头正朝着西南方向游去，这只怪兽仅露出水面的身体便长约20多米。

当时的船长拿着望远镜仔细地观察了那只怪兽，并把当时发生的一切都详细地记载在当天的航海日志上，还亲手绘制了一张海洋怪兽的图像。

这种关于海洋怪兽的目击事件不仅在太平洋、大西洋、印度洋发生过多次，在濒临北极或者南极的海域也时有发生。1875年，一艘英国货船在距南极不远的洋面发现海洋巨蟒，当时，它正与一条巨鲸在搏斗。1877年，一艘豪华游轮在格拉斯哥外海发现巨蟒，在距游轮200多米的前方水域，巨蟒在回旋游弋。

1910年，在临近南极海域，一头巨蟒还向一艘英国拖网渔轮发出攻击。1936年，在哥斯达黎加海域航行的定期班轮上，8名旅客和2名水手曾目击海洋巨蟒。1948年，在南太平洋航行的4名

游客，看见的海洋怪兽不仅身长30多米，而且背上有好几个在其他传说中的巨蟒身上没有见过的瘤状物。

　　虽然人们屡次在海洋上见到了海洋巨蟒，但迄今为止，人们对于这种海洋怪兽的底细还一无所知，它们的神秘身份仍是一个未解之谜。

延 伸 阅 读

　　20世纪初，有人专门建造过一艘特别的探险船，探险船上装备了能吊起数吨重物的巨大吊钩，以及长达数千米的钢缆，还特别准备了12头活猪作为诱饵。可惜该船远赴大洋几经搜索，终因未遇海洋巨蟒只得悻悻而归。